防灾科技学院防震减灾科普项目资助

农村精准到户地震避险
设计及实例

主编　朱桃花　郑建锋

地震出版社

图书在版编目（CIP）数据

农村精准到户地震避险设计及实例 / 朱桃花，郑建锋主编．

-- 北京：地震出版社，2020.4

ISBN 978-7-5028-4972-6

Ⅰ．①农… Ⅱ．①朱… ②郑… Ⅲ．①农村—防震减灾—
中国—普及读物 Ⅳ．① P315.9-49

中国版本图书馆 CIP 数据核字（2020）第 057050 号

地震版 XM4588/P（5675）

农村精准到户地震避险设计及实例

朱桃花　郑建锋 主编

责任编辑：刘素剑

责任校对：凌　樱

出版发行：**地 震 出 版 社**

北京市海淀区民族大学南路 9 号　　　　邮编：100081

发行部：68423031　　68467993　　　　传真：88421706

门市部：68467991　　　　　　　　　　传真：68467991

总编室：68462709　　68423029　　　　传真：68455221

专业部：68467971

http: //seismologicalpress.com

E-mail: dz_press@163.com

经销：全国各地新华书店

印刷：北京博海升彩色印刷有限公司

版（印）次：2020 年 4 月第一版　　2020 年 4 月第一次印刷

开本：710×1000　1/16

字数：77 千字

印张：5

书号：ISBN 978-7-5028-4972-6

定价：38.00 元

前言/PREFACT

　　我国地震多、分布广、强度大，相比于城市，农村居民接受防震减灾科普知识的路径有限，村里没有完整的应急处置措施，应急避难场所不明确，是防灾减灾救灾的薄弱环节。为深入贯彻落实全国首届地震科普大会精神和《加强新时代防震减灾科普工作的意见》（应急〔2018〕57号），推动防灾减灾科普创新化、协同化、社会化、精准化，加强农村地区的防震减灾科普教育工作，防灾科技学院防灾减灾现代科普研究所推荐项目组以2019年防灾科技学院科普项目"防震减灾科普及疏散演练精准到户的路径研究与实践——以云南史家营村为例"的主要成果为依据，编写本书，防灾科技学院防灾减灾现代科普研究所孟晓春教授、海南省地震局沈繁銮研究员对本书进行了通审，并提出宝贵的意见，在此表示感谢！

　　项目组整理本次研究与实践成果，最终形成《农村精准到户地震避险设计及实例》，供广大防灾减灾科普工作者、志愿者参考。其中，案例部分由项目组常晃瑜、史玉蛟、吴玉龙等参与讨论完成；贾甚杰、焦贺言、陈杰、李魁明、孔雅萌等在编写过程中也提出了一些好的建议。该项目完成之际，还受到中国地震局地球物理研究所高孟潭研究员、防灾科技学院刘春平教授、华北科技学院赵正祥教授以及中国地震灾害防御中心申文庄高级工程师、李巧萍高级工程师、中国地震局发展研究中心巩克新工程师等专家的支持与指正，地震出版社编辑也提出了很多宝贵的意见，在此一并致谢！

　　限于水平，书中难免有不妥之处，恳请读者批评指正。

编者

2020 年 3 月

目录／CONTENTS

相对于人口集中且不断增长的城镇地区，我国农村地区人口数量虽逐年下降，但仍然有 56401 万人生活在农村（中国国家统计局，2018）。由于农村地区的人大部分都散落居住、抗震设防意识弱、房屋抗震能力差，故农村地区往往是受地震灾害影响严重的区域。据统计，我国地震平均造成的 50% 以上的经济损失和 60% 的人员伤亡都在农村（姚新强等，2017），而加强农村防震减灾工作也是国家乡村振兴战略需要重点解决的问题。近年来，有许多学者对防震减灾问题进行了深入研究，从不同角度剖析地震灾害。薄景山等（2019）对我国城市抗御地震灾害研究及防震减灾规划建设进行了总结，并评述了该领域存在的问题和今后研究的方向。杨娜等（2018）对我国部分农村地区农居结构特点及抗震能力进行了评估及研究。张吕等（2019）以问卷调查的形式对我国云南地区防震减灾科普宣传教育工作进行分析与讨论。目前，

在城市的地震灾害防御研究上已取得不少进展，但在农村地震灾害防御体系上的研究仍不太充分，农村道路多交错窄小、房屋抗震技术较差、居民缺乏抗震设防意识，是防震减灾工作的一个薄弱环节。

云南省是受地震灾害影响最为严重的地区之一，本书基于云南省宾川县史家营村防震减灾科普及疏散演练精准到户的项目实施案例，项目组通过前期调研准备、家庭地震应急预案设计、震后疏散预案设计，组织、引导村委会干部组织村民按照设计好的震后疏散演练方案进行应急疏散演练。在此过程中，村委会干部和村民一起加入防震减灾科普工作中，村民参与、干部重视，结合自己实际，对于农村防震减灾科普提出了许多宝贵意见。此次实践实现了增强地震多发地区农村居民的防震减灾意识，提升自救互救能力的目标，群众满意、乐于接受。

第一章
农村精准到户地震避险设计前期准备

农村精准到户地震避险设计前期准备的重点是自然环境及人文环境的调查，调查要尽量覆盖该村庄的全面情况，任何一点信息都可能是地震避险时的救命草、也可能是地震应急避险中的障碍。

前期调查包括资料查询准备、入村实地调查、问卷调查等。

1.1 目标村庄自然条件调查

1. 地震地质条件调查

调查重点：通过查阅地震带分布情况（见图1），查清该地区与地震带之间的关系、该地震区地震活动性情况、该地区地震地质灾害情况等。

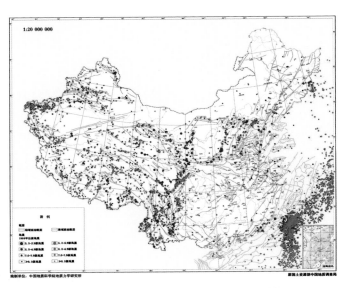

图 1 中国主要活动断裂与地震分布图

2. 抗震设防依据

　　根据中国地震动峰值加速度区划图（见图2）、中国地震反应谱特征周期区划图（见图3）、地震反应谱特征周期调整表等查出该村庄所处地区的抗震设防烈度等级。以河北省邢台市宁晋县贾家口镇为例，查询步骤为：（1）登录中国地震动参数区划图官网（http://www.gb18306.cn/），在"查询＆管理"窗口输入"贾家口"，单击"查询"按钮，查询结果如图4所示。通过查询工具，可以得到贾家口镇地震动峰值加速度是 0.2g，地震动加速度反应谱特征周期为 0.35s。这表示设防水准基本地震动时（50年超越概率10%），中硬场地（Ⅱ类场）用于抗震设防计算的地震动加速度最大值为 0.2g，用于抗震设防计算的反应谱特征周期为 0.35s。（2）进一步点击地震动参数计算，可以得到当地不同设防水准和不同场地对应的地震动加速度峰值和反应谱特征周期，如图5所示。

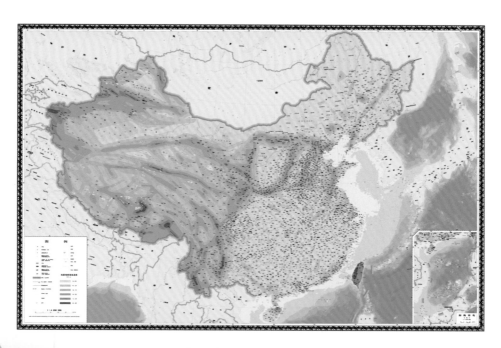

图2　中国地震动峰值加速度区划图

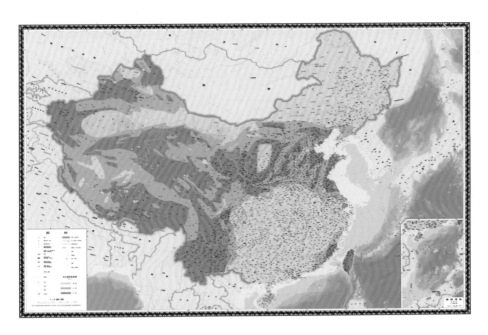

图 3　中国地震动反应谱特征周期区划图

图 4　贾家口镇查询结果

图 5 具体村庄抗震设防烈度等级查询结果

3. 村庄及周边安全隐患调查

重点调查地质环境情况，历史上地震发生时所引发的各类灾害情况，如洪涝、山体滑坡、泥石流等自然灾害情况，是否存在（高压）电线杆、危险品、易燃品等易引发灾害的点，如表1所示。

表 1 目标村庄情况调查表

村名			数据信息及数量	备注
序号	类别	名称		
1	村庄 基本信息	坐标		
2		所处地震带		
3		家庭数		
		房屋数		
4		村庄总人口数		
5		重点帮扶人数		

续表

村名			数据信息及数量		备注
序号	类别	名称			
6	近10年受灾情况（次数）	地震			
7		火灾	是否由地震引发？		
8		洪涝			
9		泥石流			
10		山体滑坡			
11		冰雹			
12		台风			
13		沙尘暴			
14	安全隐患（个数）	水库			
15		水井			
16		沼气池			
17		路灯			
18		河道			
19		花棚			
19		烤烟房			
20		危房			
21		（高压）电线杆			
22		危险品			
23		易燃品			
24	其他	说明1			
		说明2			
调查人			调查日期	年　月　日	

4. 避险环境调查

重点是村庄及周边的房屋、建筑、河流等的布局，以及空旷场地分布情况，道路分布、危险点分布、到地震应急避难场所的疏散路线情况等，如图6所示，图片来源于《地震应急避难场所运行管理指南》（GB/T 33744—2017），具体村庄的周边布局示意图，如图7所示。

图6 地震应急避难场所疏散路线图示例

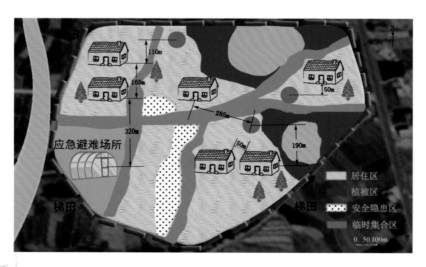

图7 某村庄周边布局示意图

1.2 目标村庄实际情况调查

1. 村庄房屋状况调查

重点调查房屋类型及房屋结构、单体房屋布局、房屋抗震性能、房屋质量等。其中，房屋类型包括一般土坯房、土木结构、砖木结构、砖石结构、竹结构，一层、二层或者多层等。单体房屋布局重点是指每户的房屋布局，如堂屋、卧室、厨房、卫生间、通道、楼层等。绘制出村庄房屋分布图及单体房屋布局图。房屋的抗震性能包括房屋质量、结构缺陷、女儿墙等。

2. 村庄道路调查

重点绘制村庄各类道路分布图，图中包括道路、所有建筑物、河流、农田等。

3. 家庭人员情况调查

调查内容主要包括每个自然户的人数、关系、年龄、身体状况、常住人口等基本情况。

以史家营第一户家庭为例，其家庭关系简图如图8所示。该户共6口人，户主和妻子均为45岁，户主父母均近70岁，户主儿子已成年，女儿未成年。

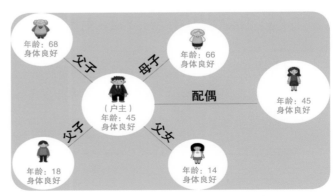

图 8 家庭关系简图

4. 村庄中公共服务情况调查

重点调查内容为医务室、小卖部等。如医务室位置、面积、医务人员、药品、包扎用品、日常能承担的工作等；小卖部的位置、物品种类、食品数量、生活用品、水的数量、避寒品、防虫品等，以及所属权和法人等信息。

5. 村庄生产经营情况调查

重点是与灾害发生时产生关联的生产经营，如养殖、水田、畜牧、村办企业等的规模、人员、面积、数量、位置，以及居家生产内容与人员等。

1.3　入户问卷调研及实例

问卷调研的目的，主要是了解当地村民对地震的认识程度、获取防震减灾知识的途径、学习防震减灾科普知识的态度、当地受灾情况、当地防震减灾科普知识宣传情况，获取村民对处理险情的意见和建议。

1. 因地制宜，设计问卷内容

问卷设计的必答题有以下 17 道，见表 2。再根据当地实际情况补充其他内容。

表 2　入户问卷调查表

1. 您的年龄？〔单选题〕			
A. 60 岁以上	B. 41~60 岁	C. 18~40 岁	D. 18 岁以下
2. 您对地震的感觉？〔单选题〕			
A. 无所谓	B. 太可怕	C. 很正常	D. 不好说

3. 如果听到"某日某地将发生几级地震"的消息，您的第一反应是？［单选题］

A. 认为是谣言　　　　　B. 到处打听消息　　　　C. 向地震部门咨询

4. 您所居住的房屋或院落在建造时考虑过地震问题吗？［单选题］

A. 当初没考虑那么多　B. 不清楚　　　　　　　C. 考虑过

5. 您知道附近哪里有地震应急避险场所吗？［单选题］

A. 知道　　　　　　　　B. 不知道

6. 您平时是通过什么方式了解防震知识的？［多选题］

A. 电视或广播　　　B. 网络　　　　　　C. 广场宣传　　　　　D. 书或报纸

E. 社区或街上宣传栏　　　　　　　　　F. 科普知识讲座

7. 使用哪些宣传方法能使您愿意了解地震的相关知识，并能达到较好的效果？［多选题］

A. 电视或广播宣传　B. 发放宣传单　　　C. 进行防震演练

D. 小区等居民住宅区域设置定点宣传栏　E. 其他

8. 您希望了解防震减灾中哪方面的信息和知识？［多选题］

A. 震前征兆知识　　B. 地震应急知识　　C. 地震急救知识　　D. 抗震设防知识

9. 当地发生过怎样的自然灾害？［多选题］

A. 地震　　　　　　B. 泥石流　　　　　C. 山体滑坡　　　　D. 洪涝

E. 火灾　　　　　　F. 干旱

10. 您觉得地震发生后，下面哪些地方是适合室内避震的空间？［多选题］

A. 床边或结实牢固的家具附近　　　　　B. 承重墙或承重柱的墙根、墙角

C. 厨房、厕所、储藏室等空间小、有管道支撑的地方

D. 阳台或飘窗附近等开阔区域

11. 地震逃生原则是？［多选题］

A. 震时就近躲避　　　　　　　　　　　B. 立即从逃生通道逃生

C. 震后迅速撤离到安全地方　　　　　　D. 跟随人群逃生

12. 如果地震后被困在废墟中，您认为应该如何设法逃生？［多选题］

A. 敲击铁管、墙壁发出求救信号，设法与外界联系

B. 观察四周有没有通道或光亮，可试着排开障碍、寻找通道

C. 当暂时不能脱险时，要保存体力，不要大声哭喊，不要勉强行动

D. 寻找食物和水，包扎受伤部位，尽可能延缓生命

13. 地震时，身处户外的您应该怎么做？［多选题］

A. 原地不动，抱头蹲下   B. 第一次震动结束后，迅速逃离至开阔地带

C. 大声呼救   D. 躲至斜坡下

14. 您认为家庭防震应当注意哪些事项？［多选题］

A. 学习地震知识和自防自救方法

B. 确定疏散路线和避震地点

C. 加固室内家具杂物，防止掉落砸伤

D. 做好防火措施，妥善保管家中易燃物品

E. 适时进行家庭应急演习

15. 如果让您准备地震应急物品，您会准备哪些物品？［多选题］

A. 生活日用品，如水、食品、衣物、毛毯、塑料布等

B. 必要的急救药品，如外伤用药、纱布、创可贴等

C. 照明用品，如手电筒、蜡烛等

D. 身份证等贵重物品

16. 如果有机会，您是否愿意花费时间去学习地震应急自救与互救的知识？［单选题］

A. 愿意   B. 不愿意   C. 无所谓

17. 您对更好、更快地处理险情有什么意见和建议？［选答题］

2. 分析评估目标村庄防震抗震能力实例

　　以史家营村为例，本次调查是在当地群众的支持下展开的，调查对象为全体史家营村民，没有年龄、性别、身体状况限制。项目组采用实地纸质问卷调查方式，在调查回收问卷之后录入问卷星进行统计数据，最后进行数据分析。共发放问卷 101 份，有效回收 101 份问卷，调查结果（四舍五入，保留两位小数）及分析如下。

1. 您的年龄？[单选题]

选项 ≑	小计 ≑	比例	
60岁以上	12		11.88%
41~60岁	29		28.71%
18~40岁	40		39.6%
18岁以下	20		19.8%

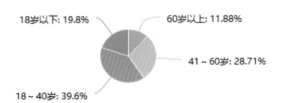

18岁以下: 19.8%　　60岁以上: 11.88%
41~60岁: 28.71%
18~40岁: 39.6%

分析　本次调查是在农村展开，为使调查更具代表性，没有设置调查年龄限制。据表格统计显示，39.6% 的人处在 18~40 岁这一年龄层次；41~60 岁的占比为 28.71%；18 岁以下占比为 19.8%；60 岁以上占比为 11.88%。从数据分析可看出，史家营村老年人居多，撰写疏散演练预案时要把老人问题作为重点问题考虑。

2. 您对地震的感觉？[单选题]

选项 ⇕	小计 ⇕	比例
无所谓	5	4.95%
太可怕	52	51.49%
很正常	30	29.7%
不好说	14	13.86%

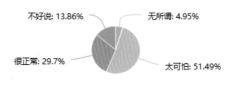

不好说: 13.86%　无所谓: 4.95%
很正常: 29.7%　太可怕: 51.49%

分析 统计数据显示，认为地震很正常的人占29.7%，认为太可怕的人占51.49%，认为不好说的占13.86%，无所谓的占4.95%。从数据看出，因为地震发生较频繁，一部分人已经对此麻木了，入户科普知识讲解过程中要着重强调破坏性地震的突发性，纠正村民对地震的错误认识。

3. 如果听到"某日某地将发生几级地震"的消息，您的第一反应是？[单选题]

选项 ⇕	小计 ⇕	比例
认为是谣言	29	28.71%
到处打听消息	43	42.57%
向地震部门咨询	29	28.71%

向地震部门咨询: 28.71%　认为是谣言: 28.71%
到处打听消息: 42.57%

分析 统计数据显示，认为是谣言的村民有28.71%，到处打听消息的占比为42.57%，向地震部门咨询的占28.71%。数据显示，面对地震谣言，多数人不能甄别，原因在于他们对地震预报、地震预警知识不了解，不知道现代技术还无法做出地震预报。在入户知识讲解过程中要给村民讲解地震预报和地震预警相关知识，并强调不造谣、不传谣、不信谣。

4. 您所居住的房屋或院落在建造时考虑过地震问题吗？【单选题】

选项 ⬍	小计 ⬍	比例
当初没考虑那么多	30	29.7%
不清楚	40	39.6%
考虑过	31	30.69%

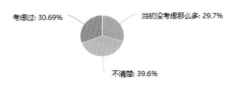

考虑过: 30.69%　当初没考虑那么多: 29.7%

不清楚: 39.6%

分析　对于建造房屋是否考虑过地震这个问题，有 30.69% 的表示有考虑过，29.7% 表示当初没考虑那么多，39.6% 的人表示不清楚。从数据分析可知，较多农村居民在规划建造房屋时缺少抗震意识。在入户科普知识讲解中要给村民灌输"建造房屋要考虑房屋抗震能力"的理念。

5. 您知道附近哪里有应急避险场所吗？【单选题】

选项 ⬍	小计 ⬍	比例
知道	41	40.59%
不知道	60	59.41%

知道: 40.59%

不知道: 59.41%

分析　数据统计得出，不知道附近哪里有应急避险场所的人的占比达到了 59.41%，原因在于部分农村应急避难场所不明确，没有应急逃生指示标。

6. 您平时是通过什么方式了解防震知识的？［多选题］

选项 ÷	小计	比例	
电视或广播	76		75.25%
网络	59		58.42%
广场宣传	23		22.77%
书或报纸	35		34.65%
社区或街上宣传栏	35		34.65%
科普知识讲座	27		26.73%

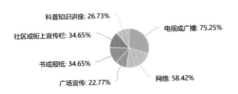

科普知识讲座：26.73%
社区或街上宣传栏：34.65%
书或报纸：34.65%
广场宣传：22.77%
电视或广播：75.25%
网络：58.42%

分析 从以上调查可以得出，电视或者广播是群众了解防震知识的主要途径，网络是获取防震知识的重要途径，书或者报纸还有社区或街上的宣传栏是其他的获取防震知识的途径，科普知识讲座这一块相对薄弱。数据让我们掌握了村民获取防震减灾知识的主要渠道和科普知识普及的不足之处，对今后的科普方法方式有一定的指导作用。

7. 使用哪些宣传方法能使您愿意去了解地震的相关知识，并能达到较好的效果？［多选题］

选项 ÷	小计	比例	
电视或广播宣传	77		76.24%
发放宣传单	62		61.39%
进行防震演练	78		77.23%
小区等居民住宅区域设置定点宣传栏	62		61.39%
其他	4		3.96%

3.96%
61.39%
76.24%
77.23%
61.39%

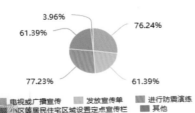

■ 电视或广播宣传　■ 发放宣传单　■ 进行防震演练
■ 小区等居民住宅区域设置定点宣传栏　■ 其他

分析 设计这一个题目是为了分析村民接收地震相关知识的意愿，使我们对农村防震减灾科普知识普及途径更加完善；数据显示，愿意进行防震演练的达77.23%，愿意通过电视或广播了解地震知识的占76.24%，需把这两个方面作为重点来加强。

8. 您希望了解防震减灾中哪方面的信息和知识? [多选题]

选项 ⇕	小计 ⇕	比例	
震前征兆知识	44		43.56%
地震应急知识	29		28.71%
地震急救知识	17		16.83%
抗震设防知识	11		10.89%

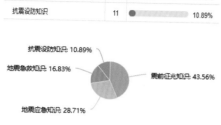

抗震设防知识: 10.89%
地震急救知识: 16.83%
地震应急知识: 28.71%
震前征兆知识: 43.56%

分析　想要了解震前征兆知识的达到了 43.56%,想了解地震应急知识和地震急救知识的分别达到了 28.71% 和 16.83%,想要了解抗震设防知识的达到了 10.89%。数据指导我们在进行入户科普知识讲解时的侧重点。

9. 当地发生过怎样的自然灾害? [多选题]

选项 ⇕	小计 ⇕	比例	
地震	70		69.31%
泥石流	50		49.5%
山体滑坡	28		27.72%
洪涝	38		37.62%
火灾	61		60.4%
干旱	70		69.31%

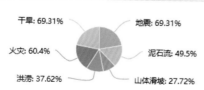

干旱: 69.31%
火灾: 60.4%
洪涝: 37.62%
地震: 69.31%
泥石流: 49.5%
山体滑坡: 27.72%

分析　数据结果显示,当地为灾害多发区,这一数据强调了加大农村科普知识普及力度的必要性。

10. 您觉得地震发生后，下面哪些地方是合适室内避震的空间？ [多选题]

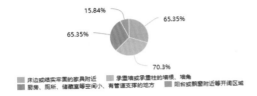

选项 ≑	小计 ≑	比例
床边或结实牢固的家具附近	66	65.35%
承重墙或承重柱的墙根、墙角	71	70.3%
厨房、厕所、储藏室等空间小、有管道支撑的地方	66	65.35%
阳台或飘窗附近等开阔区域	16	15.84%

15.84%

65.35%

65.35%

70.3%

■ 床边或结实牢固的家具附近　　■ 承重墙或承重柱的墙根、墙角
■ 厨房、厕所、储藏室等空间小、有管道支撑的地方　　■ 阳台或飘窗附近等开阔区域

分析 无论是地震还是其他的灾害，如果人处在室内，寻找安全的避灾空间是十分必要的。这一题目的设计是想了解人们在地震发生时是否能够找到合适的避震空间。从调查看来，70.3% 的人选择承重墙或承重柱的墙根、墙角；65.35% 的选择厨房、厕所、储藏室等空间小、有管道支撑的地方；但有 15.84% 的选择了阳台或飘窗附近等开阔区域。数据指导我们在进行入户科普知识讲解时需要给村民分析阳台或飘窗附近等开阔区域存在的安全隐患，纠正部分村民的错误认识。

11. 地震逃生原则是？【多选题】

选项	小计	比例
震时就近躲避	67	66.34%
立即从逃生通道逃生	51	50.5%
震后迅速撤离到安全地方	82	81.19%
跟随人群逃生	19	18.81%

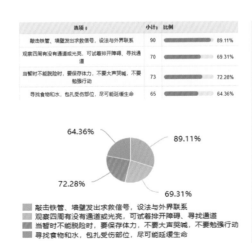

18.81%
66.34%
81.19%
50.5%

■ 震时就近躲避　■ 立即从逃生通道逃生　■ 震后迅速撤离到安全地方
■ 跟随人群逃生

分析 在地震逃生原则调查中可以看出，人民群众对于地震逃生原则是有一定的认识的，震后迅速撤离到安全地方的占比达到了81.19%，震时就近躲避的群众占到了66.34%，立即从救生通道逃生的占到50.5%，但18.81%的人选择跟随人群逃生。数据指导我们在进行入户科普知识讲解时需要强调踩踏事件问题，纠正部分村民的错误认知。

12. 如果地震后被困在废墟中，您认为应该如何设法逃生？【多选题】

选项	小计	比例
敲击铁管、墙壁发出求救信号，设法与外界联系	90	89.11%
观察四周有没有通道或光亮，可试着排开障碍、寻找通道	70	69.31%
当暂时不能脱险时，要保存体力，不要大声哭喊，不要勉强行动	73	72.28%
寻找食物和水，包扎受伤部位，尽可能延缓生命	65	64.36%

64.36%
89.11%
72.28%
69.31%

■ 敲击铁管、墙壁发出求救信号，设法与外界联系
■ 观察四周有没有通道或光亮，可试着排开障碍、寻找通道
■ 当暂时不能脱险时，要保存体力，不要大声哭喊，不要勉强行动
■ 寻找食物和水，包扎受伤部位，尽可能延缓生命

分析 本题所有答案均为正确答案，设计本题是为了通过做题让村民掌握被困时的逃生方法，但没有一个选项达到100%。数据说明村民掌握此类知识不够完整，只知道一部分，我们在进行入户科普知识讲解时需要增强此类知识，让村民掌握的更完整、更全面。

13. 地震时，身处户外的您应该怎么做？［多选题］

选项 ⬍	小计	比例
原地不动，抱头蹲下	66	65.35%
第一次震动结束后，迅速逃离至开阔地带	81	80.2%
大声呼救	52	51.49%
躲至斜坡下	20	19.8%

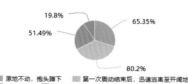

■ 原地不动，抱头蹲下　　■ 第一次震动结束后，迅速逃离至开阔地带
■ 大声呼救　　■ 躲至斜坡下

分析 从问卷调查来看，80.2%的群众选择了"第一次震动结束后，迅速逃离至开阔地带"，"原地不动，抱头蹲下"的占比为65.35%，51.49%的村民选择的是"大声呼救"。部分村民有选择"躲至斜坡下"这种想法，这提醒我们在给村民讲解相关知识过程中需分析躲在斜坡下存在的安全隐患，指引村民选择正确的户外避险点。

14. 您认为家庭防震应当注意哪些事项？［多选题］

选项 ⬍	小计	比例
学习地震知识和自防自救方法	90	89.11%
确定疏散路线和避震地点	73	72.28%
加固室内家具杂物，防止掉落砸伤	65	64.36%
做好防火措施，妥善保管家中易燃物品	59	58.42%
适时进行家庭应急演习	69	68.32%

■ 学习地震知识和自防自救方法　　■ 确定疏散路线和避震地点
■ 加固室内家具杂物，防止掉落砸伤　　■ 做好防火措施，妥善保管家中易燃物品
■ 适时进行家庭应急演习

分析 学习自救互救知识有益于村民的日常生活，从数据分析可看出大部分村民都有学习自救互救知识的需求，这指示我们需加强对自救互救知识的普及。

15. 如果让您准备地震应急物品，您会准备哪些物品？ [多选题]

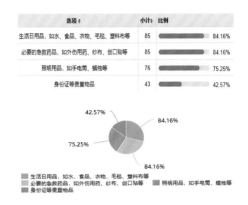

选项 ⬍	小计 ⬍	比例	
生活日用品，如水、食品、衣物、毛毯、塑料布等	85		84.16%
必要的急救药品，如外伤用药、纱布、创口贴等	85		84.16%
照明用品，如手电筒、蜡烛等	76		75.25%
身份证等贵重物品	43		42.57%

分析 本题知识点是为了把村民带入"如果地震了，我会需要哪些东西？"的思考，让村民知道准备地震应急物品的必要性。

16. 如果有机会，您是否愿意花费时间去学习地震应急自救与互救的知识？ [单选题]

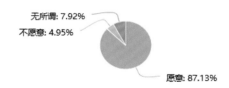

选项 ⬍	小计 ⬍	比例	
愿意	88		87.13%
不愿意	5		4.95%
无所谓	8		7.92%

分析 统计数据显示，在有机会的前提下，超过 87% 的居民愿意花费时间去学习地震应急救援与互救的知识，可以看出村民对学习地震知识、自救互救知识充满热情。

17. 您对更好、更快地处理险情有什么意见和建议？（选做题）

序号	答案文本
20	多宣传演练
34	了解防震知识
61	提前做好预防；地震发生时沉着冷静，不惊慌
63	1.急時 2.准确判断，且做出正确的选择。3.普及相关知识
88	加强当地的防震减灾宣传力度

从答题内容看，村民认为更好、更快地处理险情还是要着重于宣传、演练、预防。作为防震减灾科普知识宣讲者，我们应该具体问题具体分析，选择合适的方式向村民普及防震减灾知识。做好科学的防震减灾工作，向村民普及科学的地震防、抗、救知识和方法，加强农村的防震减灾科普教育工作。向农民群众普及宣传地震宏观异常现象识别知识、农村民房防震减灾技术常识，逐步增强广大农民群众的防震减灾意识，减少灾害造成的人员伤亡和财产损失。

（2）就近躲避。如房外危险或体能达不到，则应就近、迅速、机智躲进室内相对安全的空间。

（3）就近躲避情形与迅速撤离情形出现重叠，即两者避险方式均宜的，可灵活掌握或首选迅速撤离避险方式。

2.4　农村家庭震时避险方案设计依据

依据前期调查实际进行设计，主要需要依据的方面如下：

（1）建（构）筑结构类型、抗震设防情况、使用现状、抗倒塌能力，就近躲避或迅速撤离。

（2）疏散（撤离）路径和疏散（撤离）场地的安全情况。农村小巷道比较多，逃生路线可选择多条。设计逃生路线应以到紧急疏散场地或地震应急避难场所的距离短、道路宽、安全隐患少为原则，灵活判断，适合撤离的按照撤离路线撤离，不适合撤离的就近躲避，待震后按指令再行疏散。

（3）人员身体条件。根据前期调查农户家中人员构成、年龄和身体健康等情况，家庭距离应急避难场所远近、家中是否有行动不便的老人，设计适合该家庭的震时避险方式，就近躲避或迅速撤离。

（4）撤离路线路况。农村道路交错狭窄，有危墙、电线杆、广告牌等危险因素，通往应急避难场所的道路存在安全隐患的家庭，必须在确保安全的情况下，再有序撤离；否则，以就近躲避为宜。

2.5 农村家庭疏散演练精准到户分析实例（以史家营村为例）

1. 第一户

其家庭成员关系简图如右图所示。

该户家庭房屋为砖混结构，根据实际情况绘制家庭逃生路线平面图，如右图所示。该图清晰地指明地震来临时的基本应急逃生路径。

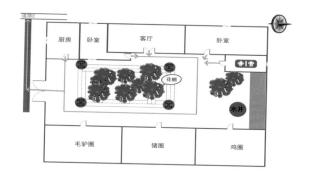

注意事项

家庭的主干道逃生路线为道路E→道路G→应急避难场所。逃生时应注意避开钢架花棚，不能从花棚下穿梭，如右上图所示。从家庭大门逃生时应双手抱头快速通过，以减少被门头处脱落的物体砸伤的可能，如右下图所示。

2. 第二户

其家庭成员基本情况如右图所示。

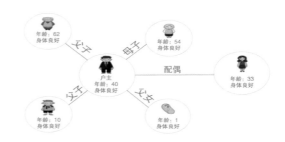

该户家庭房屋为土木结构，根据实际情况绘制家庭逃生路线平面图，如右图所示。该图清晰地指明地震来临时基本应急逃生路径。

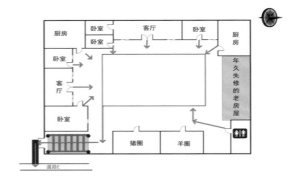

注意事项

家庭的主干道逃生路线为道路 E → 道路 G → 应急避难场所。逃生时家庭右侧是年久失修的老房屋，如右上图所示，地震时极易倒塌，逃生时注意避开这座老房屋。大门通道上方由楼板封住，如右下图所示，逃生前要观察是否垮塌，确定没有危险后迅速抱头通过。

3. 第三户

家庭成员基本情况如右图所示。

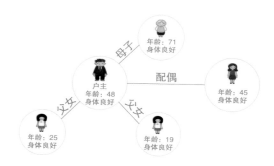

该户家庭房屋为砖混结构，根据实际情况绘制家庭逃生路线平面图，如右图所示，清晰地指明地震来临时的基本应急逃生路径。

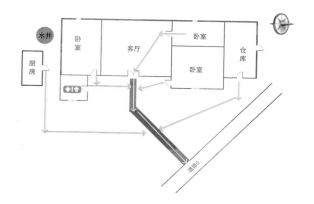

注意事项

家庭的主干道逃生路线为道路 G→应急避难场所。逃生时在厨房应注意避开水井，如右图所示，不排除会有坍塌的可能性。

4. 第四户

其家庭成员基本情况如右图所示。

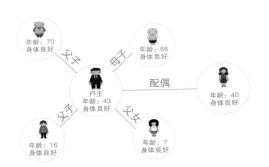

该户家庭房屋为砖混结构，根据实际情况绘制家庭逃生路线平面图，如右图所示。该图清晰地指明地震来临时的基本应急逃生路径。

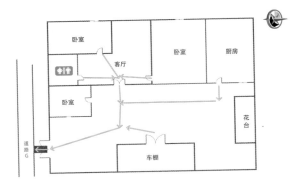

注意事项

家庭的主干道逃生路线为道路 G →应急避难场所。家庭距离应急避难场所较近，第一时间选择撤离至应急避难场所，但要注意避开车棚，如右图所示。

5. 第五户

其家庭成员基本情况如右图
所示。

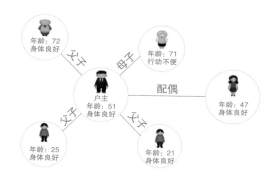

该户家庭房屋为土木结构，
根据实际情况绘制家庭逃生
路线平面图，如右图所示。
该图清晰地指明地震来临时
的基本应急逃生路径。

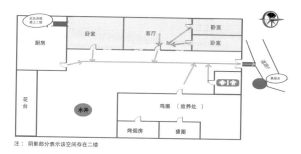

注：阴影部分表示该空间存在二楼

注意事项

家庭的主干道逃生路线为道路 F →集
结点→道路 A →道路 G →应急避难场
所。如果地震时身处用来做仓储室的
二楼，如右上图所示，则应该马上进
行紧急避险，待第一次震动过后，由
楼梯撤离至家庭紧急集结点，如右下
图所示。若楼梯垮塌，则应选择安全
稳固的地方等待救援。家中行动不便
的老人由当时距离较近的家庭成员帮
助就地避险，待第一次震动过后，带
着老人撤离至家庭紧急集结点。

6. 第六户

其家庭成员基本情况如右图所示。

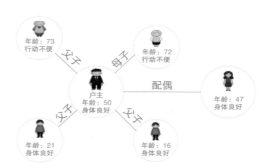

该户家庭房屋为土木结构，根据实际情况绘制家庭逃生路线平面图，如右图所示。该图清晰地指明地震来临时的基本应急逃生路径。

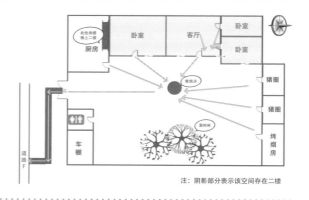

注：阴影部分表示该空间存在二楼

注意事项

家庭的主干道逃生路线为集结点→道路F→道路A→道路G→应急避难场所。此户家庭有行动不便的老人，如右上图所示，地震时该户应重点关注。该家庭离应急避难场所较远且门口道路较窄，如右下图所示。若发生地震，则要先在家庭紧急集结点集合，等第一次地震过后，确认道路安全的情况下双手抱头，迅速通过道路撤离至应急避难场所。

7. 第七户

其家庭成员基本情况如右图所示。

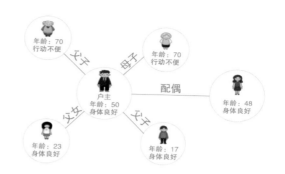

该户家庭房屋为土木结构，根据实际情况绘制家庭逃生路线平面图，如右图所示。该图清晰地指明地震来临时的基本应急逃生路径。

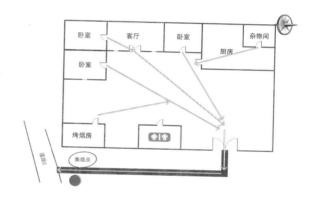

注意事项

家庭的主干道逃生路线为集结点→道路E→道路G→应急避难场所。家中行动不便的老人，如右图所示，由当时距离较近的家庭成员帮助进行就地避险，待第一次震动过后，带着老人撤离至家庭紧急集结点。

8. 第八户

其家庭成员基本情况如右图所示。

配偶

户主
年龄：58
身体良好

年龄：57
身体良好

该户家庭房屋为土木结构，根据实际情况绘制家庭逃生路线平面图，如右图所示。该图清晰地指明地震来临时的基本应急逃生路径。

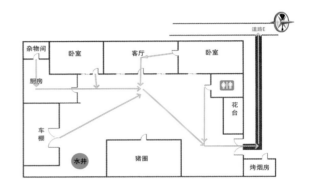

注意事项

家庭的主干道逃生路线为道路 E →道路 G →应急避难场所。处于车棚逃生时应注意水井是否凹陷（见右上图），注意避开水井。而经过门口烤烟房时（见右下图），注意坍塌的情况。

9. 第九户

其家庭成员基本情况如右图
所示。

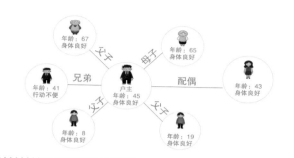

该户家庭房屋为土木结构，
根据实际情况绘制家庭逃生
路线平面图，如右图所示。
该图清晰地指明地震来临时
的基本应急逃生路径。

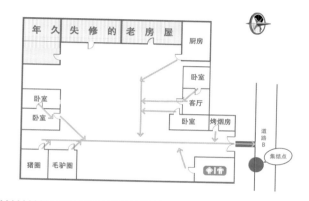

注意事项

家庭的主干道逃生路线为道
路 B →道路 D →道路 A →道
路 G →应急避难场所。逃生
时尽量避开年久失修的老的
房屋，见右上图。大门口有
烤烟房（右下图），通过烤烟
房路段要注意其是否会垮塌。
家中行动不便的人，在距离
较近的家庭成员帮助下就地
避险。

10. 第十户

其家庭成员基本情况如右图所示。

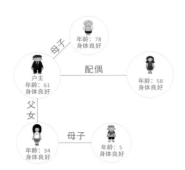

该户家庭房屋为土木结构，根据实际情况绘制家庭逃生路线平面图，如右图所示。该图清晰地指明地震来临时的基本应急逃生路径。

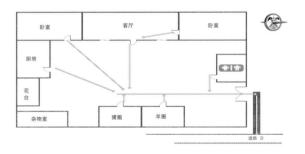

注意事项

家庭的主干道逃生路线为道路 D → 道路 A → 道路 G → 应急避难场所。逃生时应注意道路两侧危墙，如右上图所示。同时逃生道路有电线杆，如右下图所示，注意避开。

11. 第十一户

其家庭成员基本情况如右图所示。

该户家庭房屋为砖混结构，根据实际情况绘制家庭逃生路线平面图，如右图所示。该图清晰地指明地震来临时的基本应急逃生路径。

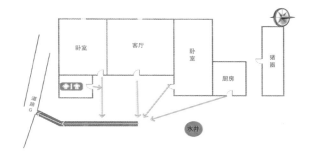

注意事项

家庭的主干道逃生路线为道路 G →应急避难场所。从厨房逃生的人员应注意避开水井，如右图所示。

12. 第十二户

其家庭成员基本情况如右图
所示。

该户家庭房屋为土木结构，
根据实际情况绘制家庭逃生
路线平面图，如右图所示。
该图清晰地指明地震来临时
的基本应急逃生路径。

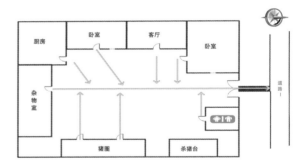

注意事项

家庭的主干道逃生路线为道
路 I→道路 E→道路 G→应
急避难场所。逃生道路较窄，
如右图所示，注意有序撤离，
防止踩踏。

13. 第十三户

其家庭成员基本情况如右图所示。

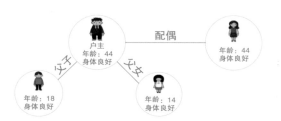

该户家庭房屋为砖混结构，根据实际情况绘制家庭逃生路线平面图，如右图所示。该图清晰地指明地震来临时的基本应急逃生路径。

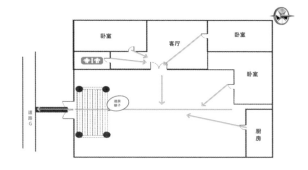

注意事项

家庭的主干道逃生路线为道路G→应急避难场所。门口有存在安全隐患的遮阴篷，如右图所示，逃生时应先观察是否有垮塌，在确定安全的情况下双手抱头迅速通过。

14. 第十四户

其家庭成员基本情况如右图所示。

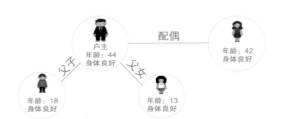

该户家庭房屋为砖混结构，根据实际情况绘制家庭逃生路线平面图，如右图所示。该图清晰地指明地震来临时的基本应急逃生路径。

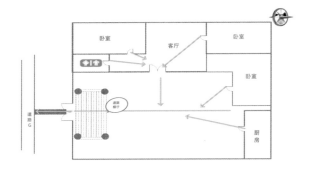

注意事项

家庭的主干道逃生路线为道路 G→应急避难场所。该家庭需注意不要从超市内部逃生，有较多易倒塌货架，如右图所示。

15. 第十五户

其家庭成员基本情况如右图所示。

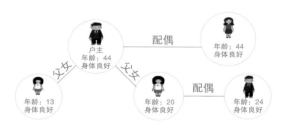

该户家庭房屋为土木结构，根据实际情况绘制家庭逃生路线平面图，如右图所示。该图清晰地指明地震来临时的基本应急逃生路径。

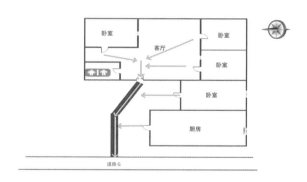

注意事项

家庭的主干道逃生路线为道路 G →应急避难场所。该家庭距避难场所近，无明显隐患，有序从道路撤离即可，如右图所示。

16. 第十六户

其家庭成员基本情况如右图所示。

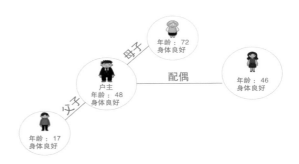

该户家庭房屋为砖混结构，根据实际情况绘制家庭逃生路线平面图，如右图所示。该图清晰地指明地震来临时的基本应急逃生路径。

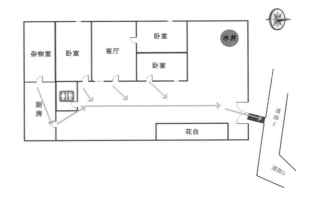

注意事项

家庭的主干道逃生路线为道路E→道路G→应急避难场所。该家庭距避难场所近、道路开阔，无明显隐患，有序撤离即可，如右图所示。

17. 第十七户

其家庭成员基本情况如右图所示。

该户家庭房屋为土木结构，根据实际情况绘制家庭逃生路线平面图，如右图所示。该图清晰地指明地震来临时的基本应急逃生路径。

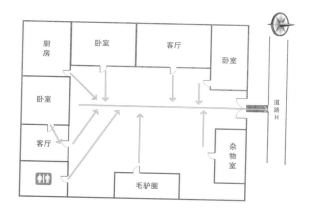

注意事项

家庭的主干道逃生路线为道路 H→道路 E→道路 G→应急避难场所。该户家庭无明显安全隐患，但逃生道路较长。应注意避开周围隐患房屋、电线杆等，如右图所示。

18. 第十八户

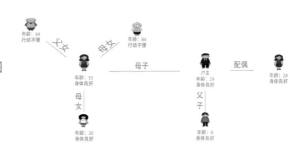

其家庭成员基本情况如右图所示。

该户家庭房屋为土木结构，根据实际情况绘制家庭逃生路线平面图，如右图所示。该图清晰地指明地震来临时的基本应急逃生路径。

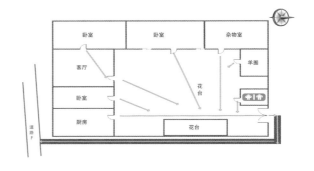

注意事项

家庭的主干道逃生路线为道路 F →道路 A →道路 G →应急避难场所。家庭中有两位行动不便的老人，如右上图所示，地震来时距离较近的家庭成员应迅速前去搀扶指引。同时，应注意逃生道路附近危墙，如右下图所示。

19. 第十九户

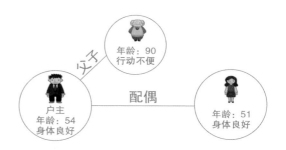

其家庭成员基本情况如右图
所示。

该户家庭房屋为砖混结构，
根据实际情况绘制家庭逃生
路线平面图，如右图所示。
该图清晰地指明地震来临时
的基本应急逃生路径。

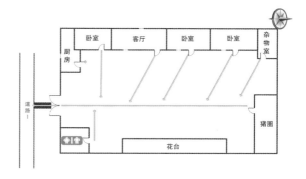

注意事项

家庭的主干道逃生路线为道
路Ⅰ→道路 E→道路 G→应
急避难场所。家中有一位行
动不便的老人，发生紧急情
况时由当时距离较近的家庭
成员帮助，选择空旷地域进
行就地避险，如右图所示，
待第一次震动过后，带着老
人撤离至应急避难场所。

20. 第二十户

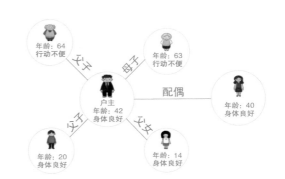

其家庭成员基本情况如右图所示。

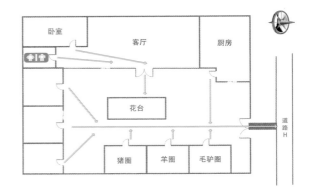

该户家庭房屋为砖混结构，根据实际情况绘制家庭逃生路线平面图，如右图所示。该图清晰地指明地震来临时的基本应急逃生路径。

注意事项

家庭的主干道逃生路线为道路 H → 道路 E → 道路 G → 应急避难场所。该家庭位置优越，暂无安全隐患，如右图所示。

21. 第二十一户

其家庭成员基本情况如右图所示。

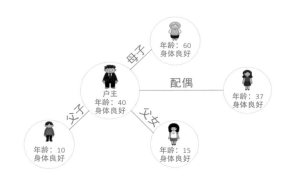

该户家庭房屋为土木结构，根据实际情况绘制家庭逃生路线平面图，如右图所示。该图清晰地指明地震来临时的基本应急逃生路径。

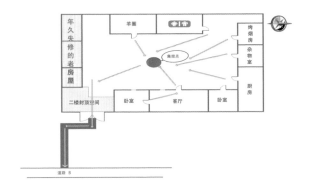

注意事项

家庭的主干道逃生路线为道路 B →道路 D →道路 A →道路 G →应急避难场所。逃生出口处上方楼板封住，如右上图所示；门口道路较窄，如右中图所示；注意避开门口危房，如右下图所示。

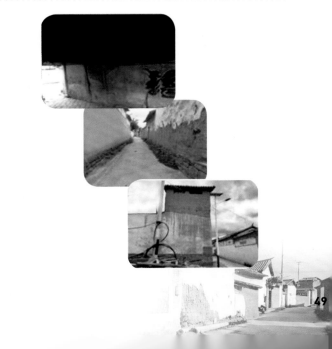

22. 第二十二户

其家庭成员基本情况如右图所示。

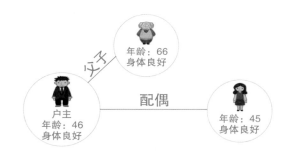

该户家庭房屋为土木结构，根据实际情况绘制家庭逃生路线平面图，如右图所示。该图清晰地指明地震来临时的基本应急逃生路径。

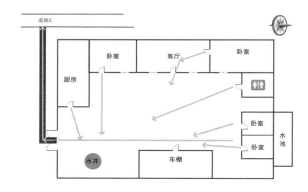

注意事项

家庭的主干道逃生路线为道路E→道路G→应急避难场所。逃生时应注意避开水井、水池等存在安全隐患的地方，如右图所示。

23. 第二十三户

其家庭成员基本情况如右图所示。

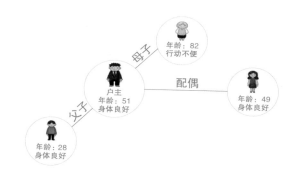

该户家庭房屋为砖混结构，根据实际情况绘制家庭逃生路线平面图，如右图所示。该图清晰地指明地震来临时的基本应急逃生路径。

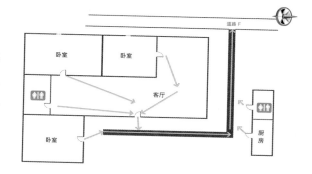

注意事项

家庭的主干道逃生路线为道路 F →道路 A →道路 G →应急避难场所。家中行动不便的老人在安全空旷处进行就地避险，如右图所示。

24. 第二十四户

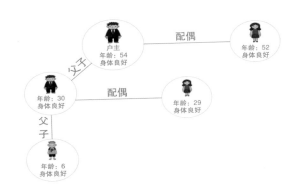

其家庭成员基本情况如右图所示。

该户家庭房屋为土木结构，根据实际情况绘制家庭逃生路线平面图，如右图所示。该图清晰地指明地震来临时的基本应急逃生路径。

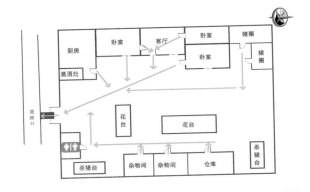

注意事项

家庭的主干道逃生路线为道路 H → 道路 E → 道路 G → 应急避难场所。逃生时需注意门口至道路 H 两侧墙体，如右图所示。

25. 第二十五户

其家庭成员基本情况如右图所示。

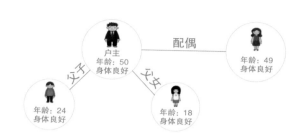

该户家庭房屋为土木结构，根据实际情况绘制家庭逃生路线平面图，如右图所示。该图清晰地指明地震来临时的基本应急逃生路径。

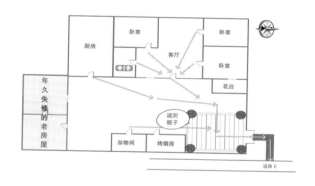

注意事项

家庭的主干道逃生路线为道路 E →道路 G →应急避难场所。门口有遮阴篷，稳固性无法保证，存在安全隐患，如右图所示。逃生时应先观察遮阴篷是否有垮塌风险，在没有风险的情况下双手抱头迅速通过。

26. 第二十六户

其家庭成员基本情况如右图所示。

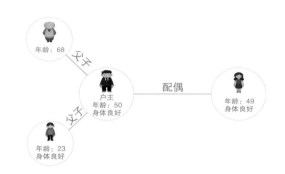

该户家庭房屋为土木结构，根据实际情况绘制家庭逃生路线平面图，如右图所示。该图清晰地指明地震来临时的基本应急逃生路径。

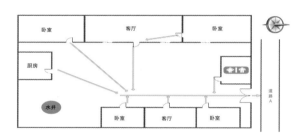

注意事项

家庭的主干道逃生路线为道路 A →道路 G →应急避难场所。疏散时避开水井等隐患区域，如右图所示。

27. 第二十七户

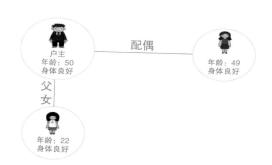

其家庭成员基本情况如右图所示。

该户家庭房屋为土木结构，根据实际情况绘制家庭逃生路线平面图，如右图所示。该图清晰地指明地震来临时的基本应急逃生路径。

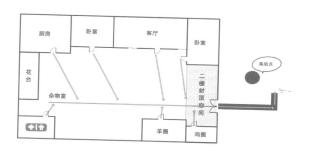

注意事项

家庭的主干道逃生路线为集结点→道路 B→道路 A→道路 G→应急避难场所。门口处通道被屋檐封住，存在瓦片脱落的安全隐患，如右图所示。地震来临时，应该在确认不会垮塌的情况下通过。由于家庭距离应急避难场所较远，故发生紧急情况时应在家庭紧急集结点集合，由户主清点人数后撤离至应急避难场所。

28. 第二十八户

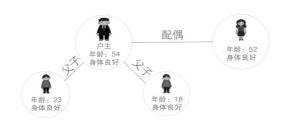

其家庭成员基本情况如右图所示。

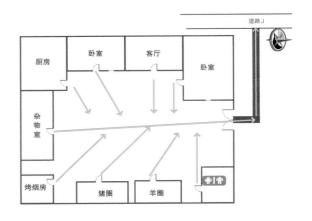

该户家庭房屋为土木结构，根据实际情况绘制家庭逃生路线平面图，如右图所示。该图清晰地指明地震来临时的基本应急逃生路径。

注意事项

家庭的主干道逃生路线为集结点→道路 J →道路 E →道路 G →应急避难场所。逃生时需注意避开室内棚架建筑，如右图所示。

29. 第二十九户

其家庭成员基本情况如右图所示。

父子

年龄：65
身体良好

户主
年龄：42
身体良好

该户家庭房屋为土木结构，根据实际情况绘制家庭逃生路线平面图，如右图所示。该图清晰地指明地震来临时的基本应急逃生路径。

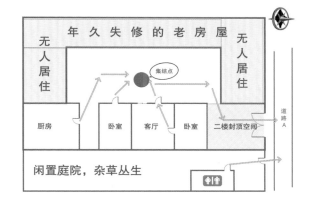

注意事项

家庭的主干道逃生路线为集结点→道路A→道路G→应急避难场所。门口处通道被屋檐封住，存在瓦片脱落的隐患，应该在确认不会垮塌的情况下通过，如右上图所示。逃生时注意避开危墙，如右下图所示。

30. 第三十户

其家庭成员基本情况如右图所示。

户主
年龄: 40
身体良好

配偶
年龄: 39
身体良好

儿子
年龄: 14
身体良好

该户家庭房屋为土坯房，根据实际情况绘制家庭逃生路线平面图，如右图所示。该图清晰地指明地震来临时的基本应急逃生路径。

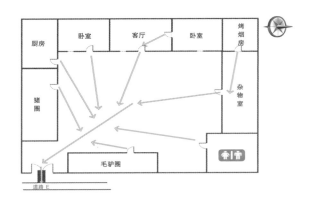

注意事项

家庭的主干道逃生路线为道路 E → 道路 G → 应急避难场所。该家庭房屋为土坯房，抗震能力极差，当地震来临时应双手抱头迅速撤离出房屋，撤离的时候尽量别靠近任何墙体，如右图所示。

第三章
农村震后疏散预案设计及实例

3.1 农村应急疏散演练预案编写流程

结合前期准备，综合家庭所在位置和村庄整体主干道分析，制定目标村庄的疏散演练预案，全程操作流程见下图。

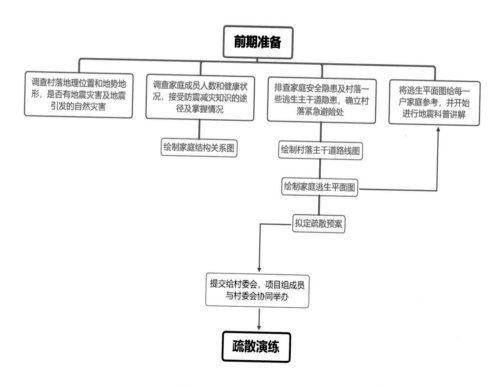

疏散演练预案全程操作流程

3.2 农村震后疏散预案内容

（1）村庄基本情况，包括面积、家庭数、总人数、避难场所分布、房屋抗震能力、村庄内医疗机构、重点帮扶对象、次生灾害源及危险源分布等。

（2）地震安全避险责任制，包括村庄负责人和地震应急管理人的地震应急工作职责。

（3）灾情上报，包括灾情调查、报告的内容与方法。

（4）疏散要点，包括疏散的计划、路线、方式、时机、警报、疏导用语等。

（5）救助要点，包括组织居民互救的程序、具体要求，互救、求救对象及联系方式等。

（6）次生灾害防范和处置要点。

（7）居民生活安置要点。

（8）社会治安要点。

（9）保障措施，包括宣传教育，疏散准备，通信、照明、药品等物资准备。

3.3 农村入户讲解注意事项

（1）在进行科普知识精准入户时，应注意给村民讲清此次活动的目的和意义，避免引起恐慌。

（2）设计问卷时注意题目的合理性，内容恰当且符合当地实际。例如，当地震来临时能否从电梯逃生？这一类问题对于没有电梯的农村来说没有实际意义。根据家庭入户调查结果，结合具体农村家庭实际，对地震知识盲点及自救互救知识进行科普讲解。

（3）科普入户时，争取有会当地方言的村民随行帮忙，需避开农忙，针对每户家庭的安全隐患，通过科普讲解，指导村民如何进行风险规避，向每一户家庭约定好疏散时间，并强调其时效性。

（4）在做疏散演练方案时，要做好突发事件的应急预案（如疏散演练过程中可能的一些突发事件，如道路拥挤、摔倒、踩踏等情况如何处理），以提高快速处理突发事件的能力。根据前期家庭关系图，对于家中有行动不便的老人、距离应急避难场所较远或去往应急避难场所之间道路有较大安全隐患等，采取就近安置，建议在离该户最近的空旷安全处为其选定一个紧急疏散场地，待地震灾害等结束后，听从指挥，疏散至地震应急避难场所。

（5）科普项目各个环节注意留下影像资料，是后续分析、总结、修改设计方案的重要参考。

3.4　农村应急疏散演练

（1）将村民分时间段、分家庭进行逐一疏散演练，熟悉疏散信号、疏散路径，记录每个家庭疏散开始时间和结束时间，根据家庭首次疏散情况及时调整方案。

（2）有行动不便的老人，将其安置在家中相对安全的床边、坚固家具旁或厨房、厕所、储藏室等空间小的地方躲避，或者在就近的紧急疏散场地。

（3）疏散方案应根据实际需要和情势变化适时修订，建议每年至少进行一次演练和修订。

（4）待村民熟练掌握后再进行全村演练。

3.5 农村分户应急疏散演练预案设计实例

云南省大理州宾川县史家营应急疏散演练预案

一、演练目的

应急避震，科学应对。通过地震应急疏散演练，使全村村民熟悉地震发生后紧急疏散的程序和线路，确保在地震发生后，全村地震应急工作能快速、高效有序地进行，通过演练活动提高村民突发公共事件下的应急反应能力和自救互救能力，从而最大限度的保护全村村民的生命安全，特别是减少不必要的非震伤害。

二、演练范围

本次演练活动安排在云南省大理州宾川县乔甸镇石碑村史家营，农户住宅南北方向分布，应急避难场所选址在史家营村老年活动中心。其位于村庄最南边，村庄周围是空旷的农田。史家营村村民居住散乱、家庭周边镶嵌农田、东西南北跨度大，演练过程中涉及的相关道路及场所如下图所示。

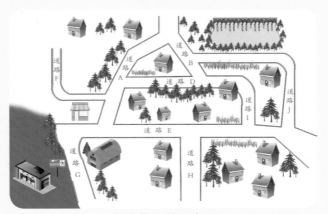

史家营干道示意图

三、演练安排

（一）演练时间

8月25日 12:00—13:00。

（二）演练地点

　石碑村史家营。

（三）模拟震级

12 时 08 分发生里氏 6.3 级地震。

（四）参与人员

（1）石碑村"村支两委"成员（4 人）；

（2）史家营全体村民（462 人）；

（3）石碑村卫生所医生（2 人）；

（4）防灾科技学院项目组学生（3 人）。

（五）演练内容

应急避震、应急疏散。

（六）应急避难场所位置及选址原因

位置：史家营老年活动中心篮球场。

选址原因：场地地势平坦空旷；水源充足；有公共厕所；场所是新建的，整个场所为钢架结构，采用彩钢瓦半封闭式封顶，抗震能力较强，可防御灾害引起的特殊天气状况；避难场所位于村口，地理位置优越；附近不存在安全隐患。

四、演练准备及要求

（一）宣传、动员和培训

1. 2019 年 8 月 5 日前发布演练方案，下发演练通知。

2. 2019 年 8 月 9—20 日，对 30 户村民进行入户防震减灾和自救互救知识讲解，并为家中有行动不便的老人、家庭距离应急避难场所较远、家庭与应急避难场所之间道路有安全隐患等特殊情况的家庭选定一个家庭紧急集结点。通过入户的讲解让村民认识到演练的必要性、意义，从心理上接受应急疏散演练，积极参与其中。

3. 2019 年 8 月 21—23 日，下发逃生路线图，让每户清楚路线。

4. 2019 年 8 月 24 日，对演练负责人进行培训，强调注意事项。

5. 疏散演练并总结。

（二）安全检查

演练前安全工作负责人对疏散路线和到达的避险区进行实地检查，及时整改存在问题，消除障碍和隐患，确保路线畅通和安全。演练当日所有涉及疏散进出的大门在 12 点前打开。

五、演练要领

（1）演练指令发出后，参演家庭的户主应马上打开大门，同时发出"地震来了，听指挥"的命令。

（2）就近躲避的基本要领。

（a）首先宜选择有承重作用的区域，如床、桌子等坚固的家具旁边等易于形成三角空间的地方，应避免被悬挂的重物（空调、吊扇等）或摆放的重物（花盆、瓷器等）或易倒的重物（柜子、冰箱等）砸中；其次应尽量远离阳台、窗户、楼梯、外墙、填充墙等易发生破坏的部位；最后在房屋垮塌前应尽量将身体全部躲进相对安全的空间，并尽可能抓牢掩护物，防止身体不受控制的滚动。

（b）位于厨房、卫生间时，内墙角落相对安全，注意避免被热水器、消毒碗柜等重物砸到，应迅速关闭燃气阀门，远离明火，防止烧伤、烫伤、腐蚀、触电等伤害。

（c）位于楼梯、楼道，平台内墙角落相对安全；若刚出家门也可就近躲回家中的相对安全空间。

（d）可抓住枕头、被褥等软物保护头部，就势滚落到床或沙发旁边下方先行躲避，根据情况再行动。

（e）躲避的姿势：首选侧卧；其次下蹲，应尽最大可能降低身体高度，尽量蜷曲身体、缩小面积，顺势抓住枕头、坐垫、被褥等软物来遮住头部和颈部，额头抵近大腿，护头护颈。摇晃十分剧烈无法行走时，可向较安全空间滚动。将一个胳膊弯起来保护头部使其不让杂物击中，另一只手用力抓紧桌腿；在墙角躲避时，把双手交叉放在脖子后面保护自己；卧倒或蹲下时，也可以采用以下姿势：脸朝下，头近墙，两只胳膊在额前相交，右手正握左臂，左手反握右臂，前额枕在臂上，闭上眼睛和嘴，用鼻子呼吸。

（3）迅速撤离的基本要领。

（a）震时沉着冷静，及时反应。第一时间关闭火源、电源、气源，再行避险；选择相对安全的逃生通道或方式，不宜贴近楼梯扶手一侧，三层以上不应跳楼。

（b）手臂主要保持身体平衡，在快速行进中避免摔倒，不可双手抱头跑，必要时可一只手臂抵挡头顶上方的坠物。

（c）注意通道上方的落物和脚下的砖石、水泥块、钢筋、家具等障碍物，避免砸伤、扭伤、扎伤、划伤、踩倒等伤害。

（d）室内避开悬挂物，室外避开建筑装饰物、玻璃幕墙和围墙，应选择最快、最短路径远离建筑，不可沿着建筑墙根行进。

（e）防止发生踩踏事件，一旦摔倒应尽快站立起来，无法起身时应侧卧并蜷曲身体，双手护头、双肘护颈，保证胸部有足够的呼吸空间，或者就势滚到较安全的区域。

（4）收到疏散指令时，距离应急避难场所较远的家庭，户主带领家人迅速撤离屋子到达家庭紧急疏散场地，确定安全后再向地震应急避难场所撤离；距离应急避难场所较近的家庭，家庭成员迅速撤离至应急避难场所，户主清点人数；各路口拐角处安全疏导员不得擅自离开岗位，并敦促村民安全疏散，坚决杜绝挤压、踩踏事件的发生。

（5）疏散时快步行走，一律禁止跑步疏散；在撤离途中，如出现拥挤摔倒，后面的村民应立即大声喊"停"，同时停止不动，户主要求家人停下，等险情排除后，再疏散。

（6）在疏散过程中，行走在走廊时用双手护住头部，下楼梯时一只手护住头部，一只手扶楼梯杆或墙壁，到户外，双手护住头部，一直到指定地点。

（7）疏散过程中保持安静，以便能清楚地听到疏散控制人员指令。家庭成员在户主带领下有秩序从家里向家外撤离，并按照预定疏散路线，迅速撤离到安全避险区。

（8）到达相应疏散场地后，户主在避险区帮助现场负责人维持秩序，清点家庭人数并上报避险区负责人，该避险区负责人汇总人数，填写统计表要

立即清点家庭人数、安抚情绪，保障演练后尽快恢复正常生活秩序。

六、地震避险责任制

（一）总指挥（1人）

总指挥：史贤国（村委会文书）

职责：负责协调各组分工，下发疏散演练开始口令，进行疏散演练总结。

（二）治安保卫组（8人）

组长：史维国（村委会主任）

职责：

（1）协助人员疏散与安置组维护疏散道路和安置地的秩序。

（2）协助人员疏散与安置组对应急疏散通道进行标识，设置明显的疏散路线。

（三）通信宣传组（4人）

组长：史玉蛟（防灾科技学院学生、史家营村村民）

副组长：莫福东（防灾科技学院学生）

职责：

（1）负责演练前期对各户家庭成员进行相应的防震减灾科普知识培训。

（2）负责宣传环境的布置，演练前在应急指挥部和各避险区安置点悬挂条幅等醒目标识。

（3）为应急指挥部、各工作组准备必要的喊话喇叭，安排广播室做好音响准备。

（4）会同技术支持组制作本次疏散演练相关的应急疏散图。

（5）疏散演练中控制广播室中疏散口令的播放，同时负责演练中摄影录像等记录工作。

（四）技术支持组（4人）

组长：史孝权（前村委会主任）

副组长：史晓斌

成员：史孝伟、莫福东

职责：

（1）负责对本次疏散演练进行各项事前准备工作，组织演练方案的制订并督促落实，绘制应急疏散路线图。

（2）对演练前各组的准备工作进行巡视检查，安排人员记录各个点疏散到达避险区安置点的时间，记录出现的问题并提出相关的改进意见。

（五）医疗卫生组（4人）

组长：冯兴明（石碑卫生所医生）

副组长：史玉蛟

成员：史能昌、史乐国

职责：

负责疏散演练过程中村民的医疗保障工作，保证疏散过程中的安全。

疏散结束后示范创伤包扎和徒手心肺复苏。

（六）安置组（5人）

组长：史建平（村委会副主任）

副组长：史洪国

成员：史浩石、史用武、史龙昌

职责：

（1）对进入避险安置场地的人员进行有序安置，维持好秩序。

（2）对所在避险区安置场地的应到及实到人数进行统计并上报指挥部。

（3）负责避险安置区场地的检查，并向指挥部进行报告。

（七）灾情上报组（1人）

组长：史贤国（村委会文书）

地震发生后，村民进行了紧急疏散，总指挥接到上报的撤离人员统计数目后，迅速整理出未撤离出及受伤村民的人数，以及周边房屋倒塌情况、交通情况、应急物资储备情况、次生灾害情况、治安情况，向上级部门报告，等待救援。

七、基本要求和注意事项：

（1）参加演练的全体人员要树立"安全第一、责任第一"的思想，服从安排、听从指挥；特别是工作人员要了解演练方案，尽职尽责，确保演练顺利进行。

（2）模拟地震发生时，各户主是负责组织家庭成员进行疏散的第一责任人，要按照方案要求指挥家人开展疏散演练，确保家人安全。

（3）演练时按照确定的避险方式、疏散路线逃生，不得随意改变。

（4）在疏散过程中，学会自护，撤离中严防绊倒、碰撞。

（5）如发生演练意外事故，要保持镇静，做出正确的判断，行动迅速。

（6）各路口负责人负责检查所负责区域人员疏散情况，确定最后一位村民离开后才能离开。

（7）到达避险区域后，以家庭为单位集中，由户主清点人数，向应急避难场所负责人报告情况。

（8）其他未尽事宜由项目组负责解释。

八、突发事件处理

（1）有特殊疾病（包括行动不便的老人）不能参加演练的家庭成员，由户主提前告知路口的负责人并做好记录，免于参加。

（2）遇到障碍，最前面的村民要设法快速排除障碍以保证后面村民顺利撤离。

（3）如有村民跌倒，后面的一、二位村民应快速将其扶起后继续撤离，其他村民要绕行，不要围观、拥挤，更不准往上压。

（4）户主在清查人数时，如发现人数不齐，不要回原处寻找，应立即向负责人汇报后处理。

九、演练播音口令

12:00：请全体人员各就各位。

12:05：全体人员请注意，距史家营地震应急疏散演练开始还有三分钟。

12:07：距演练开始还有一分钟。

距演练开始还有 10 秒钟 9、8、7、6、5、4、3、2、1

12:08：史家营地区发生里氏 6.3 级地震，请全体村民疏散到安全区域。低楼层开始疏散，高楼层进入避险状态。

12:50：有请本次疏散演练总指挥史贤国总同志结发言。

附录

［附录 A］术语及定义

紧急疏散场地（area for emergency evacuation）：供居民短时间紧急集散与避难的场地，一般为社区绿地或建筑物之间的安全空旷地带。

地震应急避难场所（emergency shelter for earthquake disasters）：为应对地震等突发事件，经规划、建设，具有应急避难生活服务设施，可供居民紧急疏散，临时生活的安全场所。

地震避险（avoiding danger of earthquake）：为减轻因地震引起的建（构）筑物或其他设施破坏对人员的伤害而采取的震前避险准备、震时避险和震后疏散的应急举措。

震时避险（avoiding danger in earthquake）：地震发生时所采取的就近躲避和撤离的行为。

抗震设防要求（requirement for fortification against earthquake）：建设工程抗御地震破坏的准则和在一定风险水准下抗震设计采用的地震烈度或地震动参数。

地震次生灾害危险（secondary disaster of earthquake）：地震造成工程结构、设施和自然环境破坏而引发的灾害。例如，火灾、爆炸、瘟疫、有毒有害物质污染以及水灾、泥石流和滑坡等对居民生产和生活区的破坏。

［附录 B］相关报道

防灾科技学院科普项目组进农村科普地震知识及疏散演练

为响应中国地震局、中华人民共和国科学技术部《关于加强防震减灾科学普及工作的通知》，做好防震减灾科学普及工作，防灾科技学院科普项目组史玉蛟、吴玉龙等人赴云南省乔甸镇石碑村委会史家营村进行"防震减灾科普及疏散演练精准到户的路径研究与实践"的科普项目，向村民普及地震防、抗、救相关知识和方法。

（a）

（b）

项目组于 2019 年 8 月 5 日在村主任的陪同下对村落周边的安全隐患进行了排查（见图（a）、（b））；8 月 9 至 20 日，入户给村民发放讲解地震科普宣传单，耐心为村民们讲解了地震的产生、地震预警与预报、地震避险基本常识等内容，因为正处农忙季节，讲解多数只能在晚上进行（见图（c）、（d））。同时对村民们提出的一些关于地震谣言的问题，项目组成员也一一为村民们解答；8 月 21 至 25 日组织村民进行家庭防震减灾疏散演练，项目组为村民们选定了安全的家庭紧急集结点，户主作为主

（c）

（d）

要负责人，在发生紧急情况时号召家庭成员撤离，到家庭紧急集结点集合，户主清点家庭人数后带到应急避难场所（见图（e）、（f））。村民们表示，参加本次演练后知道面临危险时如何撤离，向哪里撤离。在项目组离开之际，村支书亲自写下感谢信，对项目组大学生用所学知识回报家乡的行为表示感谢。

（e）

本次科普项目围绕农民致富奔小康和小城镇建设，向农民群众普及宣传地震宏观异常现象识别知识、农村民房防震减灾技术常识，提高村民对各种地震谣传事件的基本鉴别能力，有效地增强广大农民群众的防震减灾意识。

（f）

（https://mp.weixin.qq.com/s/x10_Ez3pSCix0Cxgb8GVIw）

［附录 C］石碑村民居委会写给项目组的感谢信

致防灾科技学院的一封感谢信

尊敬的防灾科技学院领导及项目组的各位同学：您们好！我非常非常的感谢您们。首先，您们的防震减灾科普项目能进入我们的农村，为我们的村民普及了防震减灾知识，让村民掌握了基本的地震来临时的应急避险措施和震后自救互救的方法。

您们将防震减灾科普精准落实到户，把科普从公共场所推进到农村家庭，让村民都准确掌握了自己家的逃生路线，为实现增强地震易发地区农村居民的防震减灾意识，提升自救互救的能力，减少灾害造成的人员伤亡和财产损失做出了一份贡献。经村民反馈，在本次科普项目作中，村民掌握防震减灾知识的情况非常好。

所以非常感谢尊敬的防灾科技学院领导和项目组同学，感谢您们将科普知识带入家庭，让广大村民丰富了其知识，增强了防震减灾意识，对地震有了更深的了解。

再次感谢您们的到来和为农村防震减灾科普做出的贡献。

石碑村民委员会
2019年8月26日